U0175417

少年探险家

Con te
non ho paura

愤怒的大象

[意] 萨拉·拉塔罗　著

王柳　宗文卓　译

青岛出版集团 | 青岛出版社

Original title: CON TE NON HO PAURA

© 2019, De Agostini Libri S.r.l., www.deagostinilibri.it

Texts © Sara Rattaro, 2019

Illustrations © Roberta Palazzolo, 2019

本书中文简体版专有出版权经由中华版权代理有限公司授予青岛出版社有
限公司。未经许可，不得翻印。

山东省版权局著作权合同登记号 图字：15-2024-28 号

图书在版编目（CIP）数据

愤怒的大象 /(意) 萨拉·拉塔罗著；王柳，宗文
卓译 . — 青岛：青岛出版社，2024.6
ISBN 978-7-5736-2218-1

Ⅰ . ①愤… Ⅱ . ①萨… ②王… ③宗… Ⅲ . ①长鼻目
—儿童读物 Ⅳ . ① Q959.845-49

中国国家版本馆 CIP 数据核字 (2024) 第 080034 号

FENNU DE DAXIANG

书　　名	愤怒的大象
丛 书 名	少年探险家
作　　者	[意] 萨拉·拉塔罗
译　　者	王　柳　宗文卓
出版发行	青岛出版社
社　　址	青岛市崂山区海尔路 182 号 (266061)
本社网址	http://www.qdpub.com
策　　划	连建军　魏晓曦
责任编辑	吕　洁　窦　畅　邓　荃
文字编辑	王　琰　江　冲
美术编辑	孙　琦　孙恩加
制　　版	青岛新华出版照排有限公司
印　　刷	青岛海蓝印刷有限责任公司
出版日期	2024 年 6 月第 1 版　2024 年 6 月第 1 次印刷
开　　本	16 开 (710mm × 1000mm)
印　　张	5.75
字　　数	57 千
书　　号	ISBN 978-7-5736-2218-1
定　　价	28.00 元

编校印装质量、盗版监督服务电话　4006532017　0532-68068050

目录

踏上旅途

萨穆埃莱虽然只有 7 岁，但却知道许多和象有关的事情。一想到这次能见到真的象，他一路都特别兴奋。

萨穆埃莱的妈妈萨拉是一位动物行为学家，擅长研究各种动物的行为。母子俩坐了很长时间的飞机才到达非洲。此前，卡拉哈里野生动物保护区的几位负责人打电话向萨拉求助：保护区里有一头象出现了带有攻击性的异常行为，并且不愿和同类一起生活。他们对此十分担心。

萨拉让萨穆埃莱和自己一同前往，萨穆埃莱兴高采烈地答应了。他迫不及待地想亲眼看一看大草原上的动物。

"象坟墓" 的故事

　　每天晚上睡觉前,萨穆埃莱都会提这个要求:"妈妈,给我讲一讲'象坟墓'的故事,好吗?"

　　"还要讲?你还没听够吗?"

　　萨穆埃莱翻过身来,摇了摇头,充满期待地看着妈妈。

　　"从前啊,人们相信世界上有一座象坟墓,象在死前会去往那里。它们悄悄地离开象群,在飞扬的尘土中,一步步走向象坟墓的所在地——沙特阿拉伯。相传,那是一个神奇的地方。"

　　"为什么神奇呢?"每当妈妈讲到这儿,萨穆埃莱就会这样问。

　　"据说,那里藏着一本书,书中写有为世界带来和平的方法……多年来,探险家们一直在寻找这本书。他们相信,只要跟在那些衰老的象的后面,就能找到那座著名的象坟墓。可是那些探险家要么兜了一圈儿,又回到了出发的地方;要么就丧失了记忆，怎么也记不起自己看到了什么……"

　　萨拉看着儿子闭上了亮闪闪的大眼睛。这个故事总能让他放松下来。"总有一天，我会带你去看一看这种神奇的动物。"她每次关灯时都会这样想。

　　这一天终于到来了。

抵达目的地

接近中午的时候，萨拉和萨穆埃莱乘坐的飞机降落在了博茨瓦纳的首都——哈博罗内。一位男士面带微笑地在机场迎接他们。

"我叫卢蒙巴。"他一边介绍自己，一边伸出了手，说，"欢迎你们来到非洲！"

三人坐上一辆大吉普车后便出发了。广袤的大地上色彩斑斓，萨穆埃莱已经眼花缭乱了。车子在路上时不时就会急刹，每次急刹后，萨穆埃莱就会发现一些动物——大多是瞪羚和斑马。这种场面，他以前只在梦里见过。

突然，萨拉朝一个方向指过去，只见一群长颈鹿正伸着脖子吃高处的树叶。

萨穆埃莱很激动，心里默默希望自己回家后还能记得这些美好的事物。

太阳开始落下，余晖洒满了大地。暮色中，道路几乎与周围的环境融为一体，难以辨认。

几小时后，他们到达了基考村，这里位于保护区的深处。

"妈妈，保护区是什么？"萨穆埃莱问。

"就是一个供动物们自由生活的地方，与此同时，这里的环境和动植物都能得到保护。"

"为什么要保护它们？"

"为了让它们免受偷猎者的伤害……"

卢蒙巴带母子俩来到了住的地方。这是一间小木屋，

有两扇大窗户，房门开合的时候还会嘎吱作响。卫生间在室外，没有屋顶，脚下是土地。

"那是什么？"萨穆埃莱指着一棵粗壮的大树，问道。

"是马鲁拉树，它的种子可以用于制作马鲁拉油，其树皮也具有药效。"卢蒙巴回答道。

母子俩的居所与旁边的民宅比较像。只见一间间小房子围绕着村中心最高的建筑排列开来：晚上，村民们经常会在此地吃饭；白天，研究人员在那个最高的建筑里开会。

把行李收拾妥当后，萨拉和萨穆埃莱就出发去见村民们了。

晚些时候，所有人围坐在卢蒙巴的身旁，母子俩也在其中。

卢蒙巴讲故事在当地是出了名的。现在，他开讲了……

一天，非洲大地上的狮王要举办一场盛会。所有动物都受到了邀请，狮王命令谁都不许缺席。不过，一群羚羊却拿不定主意。

"咱们没准儿就是这场盛会的食物呢，一定不能相信狮王！"羚羊的首领说道。

"不能相信！"其他羚羊齐声附和着。

"我去吧！"一只勇敢的年轻雄性羚羊站了出来，说，"如果我们都不去，会被怀疑的！"

动物们开始在大草原的中央聚集。豹两两结对，象三五成群，斑马、河马、狒狒、蛇等动物陆续到来。又等了一会儿，豺狼和鬣狗也来了。聚会正式开始。

大家开始跳舞。大自然提供的食物一如既往地丰盛。

跳了一会儿，狮王开口了："大家听我说！"它的咆哮甚至传到了几千米外。"大家来参加聚会，我很开心。因此，我要赏给你们礼物！"

"谢谢大王！"动物们一边齐声感谢，一边围了过来。大家互相推搡着，都想获得最好的奖赏。

"安静！大家都有份儿……想要犄角的，站在右边！"狮王说道。

第一个站出来的是那只勇敢的年轻雄性羚羊。

"好！从今天起，羚羊头上会长出角，但只有雄性羚羊会……"见没有雌性羚羊出席，狮王便如此规定。

一头犀牛冲了过来，想拔掉羚羊头上长出的新角。狮王喊道："你这惹是生非的家伙，把这些拿去！"

于是，犀牛的鼻子上方长出了两个粗大的角。

"我也想要角！"一头象一边推开排在它前面的动物，一边嚷嚷着。

"亲爱的象，你太霸道了。这样吧，我可以让你拥有一对像角的长牙，但是它们会长在你的嘴边，你永远不能把它们移到头顶上！"

"可是这样会影响我的呼吸！"象说道。

"接着！"狮王朝它扔去了一根长鼻子。

接下来是分配衣服。狮王赏赐给豹一件精致优雅的斑点披风；赠予斑马一身黑白套装，这样一来，不论斑马在哪里，都能被狮王发现——斑马是狮王最喜欢的食物。

"那我呢？你把好衣服都送出去了！"一只长颈鹿喊道。

狮王被喊得烦了，只想让它安静一些。于是，狮王挥了挥爪子，剥夺了长颈鹿洪亮的嗓音。

等蛇凑到跟前时，奖赏已所剩无几。狮王不屑地甩给它一篮草药。蛇把草药吃了下去。那味道实在太糟糕了，蛇被恶心得直吐舌头。谁知，草药在蛇的体内变成了毒药。蛇腹痛难忍，一直在地上打滚儿。由于动作过大，它把自己的爪子都甩掉了：从此，蛇就只能贴地爬行了。至于乌龟，它来得太晚了，什么也没得到。而青蛙因为觉得太热，所以就跳进河里冲凉，但其间，衣服不知被谁拿走了……从那时起，青蛙没有了毛发，只有裸露着的皮肤。

故事讲完了，萨穆埃莱对妈妈说："这里太棒了！"

萨拉摸了摸他的头，然后母子俩一起返回住处休息。

从明天开始，萨拉就要与保护区的科学家一起工作了。他们要查明那头象行为怪异的原因。它的行为不仅让村民感到害怕，也吓到了保护区里的其他动物。

入睡前，萨穆埃莱又想起了那次不愉快的游泳课。事情发生在他来非洲的几周前。当时刚下课，同学们开始玩儿跳水——站在跳板上往水里跳。萨穆埃莱恐高。他答应

上游泳课只是为了让妈妈开心,但跳水对他来说实在很难。

大家认为他一点儿也不勇敢,因此一有机会就拿他开玩笑,这让他觉得很难堪。他不敢告诉妈妈——如果告诉妈妈的话,妈妈就会去找老师谈话,这会让他在同学们眼中变得更加可笑。

那天,同学们起哄让萨穆埃莱跳水。他走上跳板,背后传来大伙儿的嘲笑声。他试着给自己打气。可是,当走到跳板尽头时,他犯了一个错误:低头朝下看了一眼。跳板实在太高了。他的腿开始颤抖,胃里也开始"翻江倒海"。他退了回去……可是同学们都在看。他们围成一圈儿,用手指着他。

"缩头龟!胆小鬼!"大伙儿一个劲儿地取笑他。

萨穆埃莱觉得自己的脸变得又红又烫。他唯一能做的,就是在大家看到他哭泣之前快点儿离开。

此刻,在非洲,他只想告诉全世界:自己也能勇敢起来。

萨拉的猜测

那头不安分的象叫"巴杜"。

萨拉从同事那里要来了他们最近几个月收集到的所有信息，然后坐在桌旁，认真地听他们讲述事情的来龙去脉。

"我们发现了一具犀牛尸体。"一位穿蓝色衣服的男士开口说道。

"犀牛生前遭到了其他动物的袭击，但并非我们一开始想象的那样：它的身上没有狮子或豹留下的抓咬痕迹。仔细勘察周围的土地后，我们发现了一些新鲜的象脚印。"一位女士继续补充道。

萨拉若有所思。

那位女士接着说："几天后，附近的村子传来一个骇人的消息。有一天夜里，一个猎人和他的家人正睡着，突然被一个大家伙吵醒。当时，那个大家伙在摇晃这家人的棚子。猎人一家可以听到外面沉重的呼吸声和怪异的响动，但没有人敢出去看。突然，一切又恢复了平静。一家人等到第二天早上才出门……然后就发现了象的脚印。"

"巴杜只袭击了那间棚屋吗？"听完同事的讲述，萨拉问道。

"是的。"穿蓝衣服的男士答道。他是科研团队的负责人。

"你们知道它属于哪个象群吗？"

"很遗憾，我们不知道。它好像每次都是单独行动。"

"这真的很奇怪。"沉思了好一会儿，萨拉才继续开口，"象是群居动物，族群中最年长的母象担任首领，象群往哪里走、什么时候停下来休息、什么时候进食，都是它说了算。幼象由象群中的母象抚养和保护。公象到了一定年龄喜欢独来独往，但也可能会与其他成年公象结群。"

"您的意思是……"一位科学家说道。

"我想说的是，巴杜表现出攻击性，肯定是有原因的。我想它可能经历过情感上的创伤。例如，它的母亲被猎人杀死，然后它又无法与族群中的其他个体共处……这种打击使它变得迷茫，于是，它开始独自游荡并攻击其他动物，包括人类。"

"所以，您觉得巴杜的袭击不是偶然性的？"

萨拉点了点头，说："如果最后我们发现，是你们刚才说的那位猎人射杀了巴杜的母亲，我也不会觉得惊讶。"

大伙儿都不说话了。他们十分钦佩萨拉在分析这件事时表现出来的自信，但并不完全赞同。

"为什么您会这样认为呢？"

"因为曾经发生过这样的事情。几年前，南非克鲁格国家公园的一些成年象被杀掉了，它们的孩子被送往其他保护区抚养。但是，人们低估了这些动物的'禀赋'。这些失去母亲的小象在没有受过任何指导的情况下，发展出了许多攻击性行为。我认为这里正在发生类似的事情。象和人类一样，需要在爱的陪伴下长大。"

"巴杜怎么知道哪个是猎人的房子呢？"

"不要小瞧这些动物。"萨拉停下来喝了一口水，然后继续解释道，"象的记忆力很好。它们的记忆与情绪相关，消极情绪会在它们脑中留下深刻的印象，但悲伤经历和创伤经历是有区别的。悲伤仅仅是被记住，而创伤经历可能会在其脑海中被"扭曲"，然后使身体做出一些过激反应。如果真的有一个猎人在巴杜的面前杀死了它的母亲，这一定会给巴杜带来巨大的创伤。巴杜可能已经准确地记住了那个人的声音和气味，时机一到，便会上门'报仇'。象永远不会忘记谁伤害过它。"

"我们没办法确定它不会攻击其他人。我们必须打死它。"一位研究人员说道。

萨拉瞪大了双眼。她非常担心。她想救下那头可怜的象。萨拉决定加入搜寻队伍，以便阻止其他人伤害它。

初见巴杜

这天一早，萨穆埃莱跟西莫内和乔治一起去捉鱼。西莫内和乔治的家长是萨拉的同事，也是研究人员。西莫内和乔治已经在非洲待了几个星期，觉得自己也成了"专家"。两人选择了河道宽阔处，以便能放下网兜。他们告诉萨穆埃莱，一定要选择河水清澈的地方捉鱼，这样一旦有鳄鱼出现，他们才能及时发现并跑掉。

三个孩子泼水嬉戏、放网捞鱼，玩得不亦乐乎。几小时后，他们捉到了许多鱼。他们需要找几根树枝，把装满鱼的网兜挂在树枝上，然后扛着树枝回村。

就在萨穆埃莱离开西莫内和乔治，独自去寻找树枝的时候，突然发现有一个灰色的大家伙正准备将长长的鼻子伸进河里吸水。

眼前的一切让他难以置信。

一头活生生的象此时竟然离他只有几步之遥！

萨穆埃莱真想跑上前去抚摸它。但他想了想,还是决定站住不动,以免发出声响吓到象。

就像到了冲凉时间似的,象抬起粗壮的鼻子,把水浇在了自己身上。确实,炎炎烈日下,萨穆埃莱也想跳进水里。正当他幻想着被新朋友浇一身水时,有人碰了碰他的胳膊。

是西莫内。他伸出一只手,捂住了萨穆埃莱的嘴。

"嘘……别出声。"他一边小声说着,一边拽着萨穆埃莱远离河岸。

"不就是一头象吗?"萨穆埃莱有点儿生气地说道。

"它可不是一头普通的象。它是巴杜——世界上最坏的象!"

萨穆埃莱糊涂了。妈妈口中的象,从来就和"坏"不沾边儿。当然,他也知道,最好不要毫无戒心地凑上前去招惹象。但象绝不是攻击型生物,尤其是幼象,它们很乖,还很喜欢玩耍。

"你说的不对!没有很坏的象!象很温和。"萨穆埃莱坚定地反驳道。

"好好想一想吧,我们的父母之所以来这儿,就是因为它。"

"我妈妈也是?"

"对,科研团队就是在等你妈妈的到来。巴杜搞了很多破坏……"

“什么破坏？”

“它杀死了一些动物，还在深夜袭击了村里的房屋……”乔治回答道。

萨穆埃莱瞪大了眼睛。他简直无法相信，眼前这头正在玩水的象，这么漂亮的动物，竟会做出朋友所说的那些事情。

伙伴们的计划

晚饭过后，和往常一样，村子里所有的孩子都围在卢蒙巴身边，准备听他讲故事。

萨穆埃莱是一路小跑过去的。他坐到了前排，挨着他的新伙伴……

传说在很久以前，世界诞生之初，象体形很小，但却非常霸道。象王不仅是象群的首领，还是其他动物的领袖，动物们做任何决定前都要得到它的许可。

日子一天天过去，大草原上的生活变得越来越糟糕，动物们饱受折磨，于是决定反抗。这天，趁象王睡着了，动物们凑到一起，开始商量对策。

"我们不能再这样生活下去了。"狮子怒吼着。

"我们得去抗议！"长颈鹿说道。

"抗议没有用，我们得给它个教训，让它知道受折磨

是什么感觉。"河马说道。

讨论持续了一整夜，黎明时分，动物们终于想出了一个办法。它们要好好教训一下象王。

草原上的动物开始为象王准备丰盛的早餐。早餐准备好后，鳄鱼来到象王面前。"大王，我们为您准备了美味佳肴，请跟我来。"

象王不知道等待它的会是什么。它跟着鳄鱼来到美食前，开始尽情地享用。"不错，都是我爱吃的东西，这些家伙还挺了解我。"象王一边吃，一边高兴地想着。可等它吃完，肚子胀胀、昏昏欲睡时，发现自己被包围了。

　　狮子、豹、犀牛、长颈鹿、河马、鳄鱼、秃鹫、鬣狗等动物将象王围住，开始用爪子、犄角或身体的其他有力部位发起进攻。象王虽然被打得遍体鳞伤、狼狈不堪，但最后还是冲出重围，跳进了一条河里。

在水中，身上的疼痛逐渐减轻，它也从惊恐中缓过神来。

几天后，象王感觉好些了，就又回到清澈的水边，想要照一照自己的模样。可是，它的外貌彻底改变了。它不

再是曾经的自己了。由于挨了打，它的身体已经肿了起来，变得臃肿无比。拖着沉重的身躯，它的行动也变得十分困难。

象四下张望，发现周围一只动物也没有了。它已经变成草原上体形最大的动物，但它的统治也结束了，没有动物会听它的命令，哪怕是体形最小的动物。每每看到这个庞大的身躯，大家就会想起它受到的教训。

从那天起，象只能羞愧地耷拉着耳朵走路了。

卢蒙巴的故事讲完了，现场响起热烈的掌声。他的故事每次都能让大伙儿听得入迷。过了一会儿，小伙伴们来到一个墙角聊天儿，萨穆埃莱也跟了过去。

"你们听懂卢蒙巴的故事了吗？"西莫内说道，"他是想让我们好好教训一下那头经常捣乱的象。明天我们就去找巴杜，它肯定会像今天一样去河边。等它再到那儿时，就会发现一个'惊喜'在等着它。我们要带上弹弓。"

孩子们散开，回到了各自的住处。

几小时过去了，萨穆埃莱一直没睡着。他在想要不要告诉妈妈第二天将要发生的事。他知道，如果他这样做了，就背叛了他的新朋友，那么在这个夏天接下来的日子里，他就只能自己玩儿了。

最后，他决定保守秘密。

他知道，没有人喜欢告密者。

计划实施

这天早晨，天空晴朗，当萨拉和萨穆埃莱吃完早餐从住处出来时，地面已经被太阳晒得有些热了。

母子俩环顾四周：一条土路蜿蜒着穿过村庄，路两旁有马鲁拉树，还有一些用茅草做顶的泥棚和小木屋。非洲的生活很艰苦：这里会很长时间不下雨，白天的气温还非常高；人们必须去田里干活儿，喂养动物，还要去最近的井那里打水……

萨拉亲了亲萨穆埃莱。然后，萨穆埃莱就去和小伙伴会合了。伙伴们在路口一座废弃的棚子里等他，弹弓也被藏在那里。萨拉则前往研究中心与其他科学家会面。

忙碌的一天开始了。

"为了了解巴杜的行为，我建议对它进行远距离观察。"萨拉以她一贯的口吻说道。

同事们表示赞同，有人离开去准备吉普车。

"孩子们去哪儿了？"上车前，萨拉问道。

"肯定是在村子里玩警察抓小偷儿的游戏呢。我儿子可喜欢玩了。"

萨拉笑了。萨穆埃莱有玩伴儿，她就放心了。

实际上，孩子们正在进行他们自己的"探险"，卢蒙巴的儿子阿廷也在其中。他的加入非常重要，因为他熟悉所有可能会遇到巴杜的路线。阿廷是个身手矫健、笑容灿烂的小男孩。萨穆埃莱见到他后，立刻对他产生了好感，决定跟着他，在他的带领下去探险。

一路上，他们见到很多灌木丛。在一望无际的灌木丛中，时不时就会出现一些萨穆埃莱平时看不到的动物：跑来跑去的不再是猫、狗，而是疣猪和猴子。

"快躲起来！"阿廷突然喊道。

孩子们迅速钻进灌木丛中，默不作声。几分钟后，一辆大吉普车从他们眼前飞驰而过，扬起一阵尘土。原来是家长们所在的考察队。还好，他们没有发现孩子们。

"你怎么知道他们要来？"萨穆埃莱对阿廷的反应十分好奇。

"我只要观察那些猴子就行。它们全都站了起来，转身朝向村子……"

萨拉乘坐的吉普车在远处停了下来。卢蒙巴也在考察队伍里。他带着大家来到一条小溪旁，因为动物们通常会在水源附近聚集。象也会寻找这样的水源，一方面是为了解渴，另一方面是为了在岸边的泥浆里打滚儿，使自己免受阳光"烧灼"，保持身体凉爽。

　　考察队开始等待。卢蒙巴随身携带了一支步枪，不过萨拉希望不会用到那支枪。在开车来的路上，萨拉向同事们说明了注意事项。

　　"我们在远处用望远镜观察巴杜就行。现阶段，最重要的是研究它在不受威胁的情况下的行为。只有这样，我们才能更好地了解情况！"萨拉说道。

　　几千米外，孩子们还在行进。

　　阿廷带着大家朝另一个村子走去。"从这儿走最快，我们能少走一段路……"他鼓励着大家。

　　几个人走上了一条土路，路两旁的树丛里有几个拥有铁皮屋顶的棚子。走着走着，沿路的植被变得稀疏，灌木丛也逐渐消失了。

　　四个小伙伴来到一片相对空旷的区域，区域中央有一棵猴面包树。他们打算在树下休息一会儿。不远处，一群斑马走了过去。

　　"真漂亮！"萨穆埃莱大喊道。

跟着见多识广的阿廷，孩子们认识了跳羚，这是一种小型羚羊。跳羚披着棕色的皮毛，体态轻盈，行动敏捷。

"它们能跳两米高呢！"阿廷向大家介绍。接着，他们再次出发了。

阳光越来越毒，气温也开始升高，但萨穆埃莱几乎没有察觉。他在专心致志地听阿廷介绍。他认识了一种名为"捻角羚"的动物。这种动物体形较大，有着一对粗壮的螺旋形的角。他还认识了角马，它们看起来有点儿像水牛，但更瘦一些。

远处传来水流的声音。阿廷告诉大家，他们走到水源处就可以停下了，因为巴杜很可能会出现在那里。

"人们最近总是在那儿看到它。那些被它杀掉的动物的尸体就是在那附近被发现的。另外，就在我们刚刚经过的那个村子里，一天夜里，巴杜差点儿就推倒了一个棚子……"阿廷说。

大家沉默了好一会儿。乔治迎上萨穆埃莱的目光。萨穆埃莱从他的眼神里看到了恐惧。

相反，西莫内似乎并不担心他们的任务有多危险：他从背包里拿出了"武器"——一些用分杈的树枝制成的强力弹弓。"我们得收集一些石头。"说着，他在身边找了起来。

其他人也跟着找起来，不一会儿就捡了一大堆"弹药"。

突然，大伙儿背后传来一阵响动。大伙儿全都趴在地上，以免被发现。原来是一只河马。它正在水塘里走。这真是一幅绝美的"画"。这个大块头看上去好像快睡着了，它的四周是柔柔的水波。过了一会儿，又来了一只河马。它们尽情地享受着水中的清凉，完全没有注意周边的情况。

　　这时，西莫内做出了一个让萨穆埃莱觉得十分愚蠢的举动。他抓起弹弓，朝其中一只河马打了过去。幸好，石块儿只是射入了水中。但两只动物听到声响后还是离开了。

　　"你把它们吓跑了！"萨穆埃莱失望地喊道。

　　"我就是想试一试弹弓。我要是想打它们早就打到了！"西莫内满不在乎地说。

　　时间一点点过去，孩子们有点儿饿了。阿廷拿出母亲做的熏肉豆角三明治分给大家吃。吃完后，四个人暂时把任务抛到了脑后，开始玩耍起来。他们跳进水里，在里面扎猛子，再轮流从水塘的一边游到另一边。

　　一切看上去风平浪静，可就在萨穆埃莱游向对岸时，一头象突然冒了出来——是巴杜。

　　一声象鸣响起，所有人都吓得呆住了。萨穆埃莱被吓得无法动弹。只见巴杜抬起象鼻卷住了一棵小树，将小树连根拔起后送向嘴巴。吃掉树叶后，它又把小树扔回到地上。

　　萨穆埃莱想起了妈妈的话：象是世界上现存最大的陆生动物，主要以草和树叶为食，体重可以超过 5 吨。很多时候，象群走到哪里，哪里就是一片狼藉。不过，它们通常会一直移动，这样就给被破坏的植被留出了足够的生长时间。

显然，巴杜现在只是想填饱肚子……可是，还没等萨穆埃莱开口告诉同伴自己的想法，一个大石块儿就打中了巴杜的象鼻。

只见巴杜前腿腾空，高高地立了起来。巨大的身躯仿佛遮住了太阳。太可怕了。

西莫内和乔治不停地给弹弓装石块儿，然后把它们朝巴杜身上打去。巴杜愤怒地甩动着耳朵和鼻子，枝条和树叶在空中飞舞。不一会儿，巴杜就受伤了。它一步步朝两人走了过去。情况变得危险了。

萨穆埃莱从水里跑了出来，站在了巴杜和两人之间。"住手！"他向伙伴们喊着，但小伙伴根本不听他的。

一块大石头打中了萨穆埃莱，接着又是一块。象停了下来，注视着面前的小男孩。只见他张开双臂，任由石块儿砸到自己身上。

巴杜开始用力跺脚。地面震动起来，西莫内和乔治也害怕了，两人的弹弓掉到了地上。巴杜盯着他们看了几秒钟，突然转过身，仿佛受到追赶一般，快速地跑走了。

"慰问"巴杜

萨拉问："你们听到了吗？"

远处传来一声象鸣，紧接着是一阵骚动。

"一定是巴杜！"萨拉话音未落，大家就看到了一团移动的尘土。

巴杜沿着溪流奔跑，朝他们所在的地方冲了过来。

"大家快上车！"卢蒙巴指挥着，但萨拉没有跟随同事一起上车。

"博士，您也要躲起来！"

"肯定是发生了什么事，我就看一眼。它受惊了……"

"不行，太危险……"卢蒙巴拼命摆手。

萨拉没有听他的话，只是站在那里等待。象停了下来，一边咆哮，一边甩动着鼻子，看上去十分暴躁。"你们看，它眼睛旁边受伤了……"萨拉注意到它那厚厚的灰色象皮上有一大滴鲜血。难怪巴杜会这么生气。

"是偷猎者干的吗？"趴在吉普车顶上的一位科学家问道。

"如果是的话，巴杜现在就不会在这里了。"卢蒙巴回答道。他很清楚偷猎者想要什么。"总之，那不是枪伤，看着像是被什么东西打的。"

"它为什么会被打呢？"

"可能它去到一个村庄附近，村民们想赶走它……"

萨拉等着巴杜冷静下来，看着它走进河里喝水并把水浇在头上。她回到吉普车上，从补给品中拿出了一个大罐子，把里面的蜂蜜倒进一个碗里。同事们一脸疑惑地看着她。

"您要去哪儿？"他们问萨拉。

萨拉没有理会大家，而是朝巴杜走了过去。巴杜猛地转过身来，萨拉也停了下来，双方盯着彼此。萨拉把那碗蜂蜜缓缓地放在了地上，接着向后退去，给巴杜留出了空间。几秒钟后，巴杜用鼻尖蘸到了甘甜的蜂蜜，然后用鼻子把蜂蜜送到嘴里。它不断地重复这个动作，直到可见碗底。

渐渐地，它的耳朵停止了扇动，叫声也低了下来。

"让它自己待着吧……我们下次再来……"一上车，萨拉就让大伙儿赶快离开。

保守秘密

吉普车驶回村里时，天色还早。傍晚，开会总结完一天的工作之后，萨拉去找萨穆埃莱。当她见到儿子时，心一下子揪了起来。

萨穆埃莱在流血：额头上有几处伤口，胳膊上也是青一块、紫一块的。

"这是怎么搞的？"萨拉尖叫起来，同时注意到其他孩子毫发无损。

"没事儿，妈妈……就是摔了一跤……"萨穆埃莱看着地面，回答道。

"看着我，说实话！"萨拉厉声命令。她很少对萨穆埃莱这样说话。

"我不是说了……"

萨拉抓起萨穆埃莱的一只胳膊，拽着他开始走。他们穿过村庄，经过一个个棚子和一棵棵马鲁拉树，来到了医务室。这是一间有铁皮屋顶的小房子，里面有一个应急药品柜，一些轻伤可以在这里得到处理。

萨拉让萨穆埃莱坐在小床上。她打开所有的柜门，找出了棉花、消毒剂和一些绷带。她先是擦干净萨穆埃莱伤口上的灰尘，接着给伤口消毒，再将伤口一一包扎好，这样它们就能慢慢地愈合。

忙完这些，她把房门关上，然后搬了一把椅子，在萨穆埃莱面前坐下来。"好了，你愿不愿意告诉我到底是怎么回事儿？你们打架了？我肯定不会惩罚你，但我想知道，我不在的时候你做了什么，不然我没法儿放心……"

萨穆埃莱飞快地扫了一眼整个屋子。他看到小伙伴们都趴在窗外。西莫内伸出食指放在嘴边，示意他保密。于是，萨穆埃莱下定决心，绝不把大家供出来。"妈妈，我们和阿廷出去了一趟，然后我摔了一跤。我从高处摔下来，但也没有多严重……"

萨拉虽然不相信他的话，但决定不再追问。

萨穆埃莱从小床上跳了下来，问妈妈是不是可以去找小伙伴玩儿了。萨拉拦住了他。

"今天我们遇到了巴杜，它也受了伤，伤口和你的很像。这可真巧……"萨拉对他说道。

母子俩的目光碰到了一起，萨拉还没来得及再说些什么，萨穆埃莱就跑出了医务室。

事 出 有 因

晚餐时，萨穆埃莱回来了，正好赶上听卢蒙巴讲故事。

卢蒙巴静静地看着在场的人们。太阳正缓缓地落下。

"今天我要给大家讲的不是童话，而是真实发生的事情。早上，我陪同考察队去大草原上寻找巴杜——那头恐怖的、需要提防的象。不出所料，发生了可怕的事情……"

萨穆埃莱转头看向母亲。萨拉的眼神里满是惊讶。

"那头象沿着溪流拼命地跑。"卢蒙巴继续说，"它像发了疯似的，冲着我们就跑过来了，要不是我们跳上了吉普车，它肯定会把我们全都撞飞……"

"事情不是这样的！"萨拉的声音从人群后面响起。大伙儿都转过头看向她。虽然萨拉是知名的动物行为学家，但是卢蒙巴毕竟是一村之长，村里人通常会无条件地相信他。

　　萨拉走上台，来到村长旁边，说："我觉得我们今天根本没有遇到危险。如果大家愿意给我机会，我就来讲一讲和象有关的事儿……"

　　没人出声，萨拉清了清嗓子，讲了起来。

　　"一次，我和几位研究员远远瞧见几头象正在河边行走，就决定在远处用望远镜观察它们。突然，意想不到的事发生了：母象首领倒在了地上。其他象围了上去，想让它重新站起来。它们把象鼻放在母象身上，希望它能好起来，一头小象甚至像做人工呼吸那样直接把象鼻伸进了母象的嘴里。这一深情的举动让我们意识到，它一定是那头母象的孩子。其他象找来树叶，开始往母象身上盖，而小象却一直站在母象身边。作为人类，当我们爱的人离开时，我们固然非常痛苦，但也希望他能永远安息。象也是一样。那天，我和同事们亲眼见证了一种亲情：象们紧紧地靠在一起，互相安慰。"

　　"博士，您为什么给我们讲这些？"

　　"为了让大家明白，象其实和我们非常相似。"

　　"啊？"听众席一片哗然。

　　"象明白死亡是怎么回事儿，更准确地说，它们会因失去而感到痛苦。有一天，我看到一头母象生下了一头小象，但小象没能活下来。接着，母象的反应令我目瞪口呆：它挨着它的孩子站着，用鼻子轻抚着孩子的头。一旦有动物靠近，哪怕是同类，它都会疯狂地大叫。它这样守了几个小时后，用树叶和树枝把孩子的身体盖了起来。整整三天，它一直待在那里，没有离开。"

一片寂静——大家都在认真地听萨拉讲故事，萨穆埃莱也一样。他了解自己的妈妈，知道这堂课还没有结束。

"我想和大家说的是，巴杜表现出攻击性肯定是有原因的。家庭对我们人类来说十分重要，对象来说也一样。"萨拉顿了顿，在人群中找到了儿子，然后继续说，"我再给大家讲一件我亲身经历的事。那次，我们看到一头小象独自在小溪边喝水。我们不知道它的母亲在哪里。不一会儿，一只鬣狗凑了过来。大家都知道，这是一种凶猛的动物，小象很可能成为它的猎物……突然，一群成年象走了过来，小象赶忙朝领头的母象跑去。但那头母象开始驱赶它，因为母象有自己的孩子需要照顾。这时，被赶走的小象发出一声绝望的悲鸣。那头母象听见后走了回去，带上了小象。我们跟了这群象几个月，看到小象完全融入了新家——'收养'成功了。"

萨拉继续说："试想一下，如果那头小象没有遇到一个新的母亲来照顾它，又会怎样呢？它可能会被鬣狗杀死，或者长成一头'疯'象，和巴杜一样。"

萨拉的话让全村人惊讶得张大了嘴巴。

"大家都知道，当家长既幸福也辛苦。不管是人类，还是野生动物，家长在孩子的成长过程中都是至关重要的：孩子的成长需要家长来引导。巴杜只是一头可怜的象，它的母亲很可能是被杀掉的，这使它既孤独又恐惧。做出那些攻击性行为，可能是它在宣泄痛苦。"

现场鸦雀无声。过了一会儿，有人鼓起了掌——是卢蒙巴。很快，掌声响遍了整个听众席。

萨拉赢得了所有人的心。

神奇的本领

萨拉和萨穆埃莱回到了住处。萨拉一只手扶着儿子的肩膀，怀疑地看了看他眼睛旁边的伤口。

走进房间后，萨拉小心地帮萨穆埃莱脱掉衣服，扶他上床。

"妈妈……"

"什么事？"

"象的记忆力很好，是真的吗？"

"当然是真的。"

"就是说它们什么都能记住？"

萨拉挨着他坐下，说："有一次，一头象在目睹了家族成员死于一位猎人之手后，袭击了那个人所在的村庄。"

"太不可思议了！"

"各种研究表明，象之所以有较强的生存能力，与它们的好记性有很大的关系。"萨拉继续说道。

"它们也会记住人吗？"萨穆埃莱问。

"当然。很久以前，有一个研究员在非洲收留了一头失去父母的小象。养了一段时间后，研究员把小象送去了美洲的一个保护区，那里的一头母象收养了小象，研究员则留在非洲继续自己的研究。12年后，当他到美洲去看望自己曾经收留的小象时，那头小象已经长成了一头强壮的大象。接下来，你猜发生了什么？"

萨穆埃莱摇了摇头。

"研究员一招呼，它就朝研究员跑了过去。"

"过了这么久它还记得！"

"象能通过声音认人。"

"真的吗？通过声音？"萨穆埃莱惊讶地问道。

"母象可以识别出上百个个体的声音，而且能够在离声源很远的地方做到这一点。这是一种十分神奇的本领。"萨拉继续说，"母象通常需要保护小象。这种远距离感知危险的本领对象来说是一种优势：一旦发现危险，它们能及时把小象带到安全的地方。有时，它们还会站成一圈，把小象围在中间，不把它们暴露给敌人。"

"妈妈，巴杜是母象还是公象？"

"母象。"

萨穆埃莱一边想着什么，一边盖上被子，小脑袋枕在枕头上。他想起来，小伙伴们用弹弓打巴杜的时候，自己在扯着嗓子拼命地喊。

巴杜，我是想保护你，不是想打你，你听懂了吗？

闯入村庄

这个夜晚并不安宁。萨拉猛地睁开眼，看到月光透过窗帘照了进来。外面传来吵吵嚷嚷的声音，她愣了一会儿才反应过来，原来自己是被吵醒的。萨拉没有耽搁，马上跑到门口。开门后，她发现整个村子都笼罩在恐惧之中。夜里很冷，有人穿着睡衣，有人裹着被子。

"棚子外面传来轰隆隆的巨响，我们被惊醒了。"西莫内的父亲说道，"墙在晃……它粗重的呼吸声从木板间的缝隙传了进来。"

显然，他说的是巴杜。

"太吓人了……它一直在推棚屋，四只脚在地上蹭来蹭去，掀起了许多灰尘……"西莫内的父亲情绪十分激动，眼里透着恐惧。

因为是夜里，天太黑，所以人们无法确定棚屋的受损情况。萨穆埃莱清楚，巴杜不会无缘无故地出现在那里。

妈妈讲过，象的记性非常好，因此萨穆埃莱认为，巴杜是故意选择那个棚屋的——西莫内住在里面。

"巴杜会不会跟踪大伙儿了呢？也许它是循着气味一路找来的，然后在村子附近听见了西莫内的声音……巴杜会不会也认出自己了呢？"萨穆埃莱心里想着。

萨穆埃莱对于自己的安全并没有把握。在萨拉忙着和其他科学家一起调查象闯入村庄的原因时，萨穆埃莱很清楚，想知道巴杜对自己的态度，只有一个办法——单独与它见面。

要摆脱妈妈的看管可不容易，尤其是现在自己受了伤，而且自己的说法已经引起了妈妈的怀疑。但萨穆埃莱必须回到水塘。他可以的。

他和巴杜会成为朋友。他会证明象一点儿也不危险。棘手的问题会因为他的努力而得到解决。最重要的是，他要向所有人展示他的勇气。

他相信自己能处理好这件事，妈妈也会为他感到骄傲。

寻找巴杜

第二天早晨，当萨穆埃莱和萨拉出门时，天已经大亮。村里一片喧哗。他们来到西莫内一家居住的棚屋旁，不禁目瞪口呆。

小屋的一面墙已经完全变形，整个棚屋被挪动了至少半米。

卢蒙巴命令大家在各自的房屋周围修上一圈木栅栏，来抵御可能出现的新的攻击。

"我觉得没什么用。"萨拉表态道。她很清楚，一圈木栅栏根本拦不住巴杜。尽管巴杜还很年轻，但它的力量已十分大。

早餐后，萨拉对儿子说："今天我不允许你以任何理由出去，你一定要听话。一头发怒的象就在外面转悠，虽然我相信它这样做肯定是有原因的，但你最好还是与它保持距离。现在我要和其他研究员一起出去，下午才回来。"

萨穆埃莱在心里盘算着，应该有足够的时间来实施自己的计划。他要回到水塘去找巴杜。他还记得路。这次没有小伙伴跟他打闹，他应该用不了多久就能到。接下来，他会和这头母象成为朋友，没准儿还能说服它跟自己去村里。如果妈妈说的是真的，那么巴杜应该会记得他。

萨穆埃莱等待着……一阵尘土飞扬后，萨拉乘坐的吉普车开走了。萨穆埃莱拎起包，把它挎在身上。临走前，他又拿了几本自己喜欢的漫画书。一边看书，一边等巴杜岂不更好？他心想着。

萨穆埃莱绕着自己和妈妈居住的小屋转了一圈，然后钻进小树林。里面的道路很窄，萨穆埃莱常常会被植被挡住去路。一路上，他见到了一些巨大的树——起码得两个人张开胳膊才能抱住。其实前一天他就见过这些树，只是忘记了。走着走着，萨穆埃莱发现自己到了一个新的地方。周围非常安静，他只能听见自己踩在落叶上发出的声音。

一群鸟从他的头顶上方飞过，落到了一根树枝上。它们叽叽喳喳地叫了一会儿便飞走了。小树林的前方透出光亮。萨穆埃莱判断，自己快走出树林了，树林那边应该就是上次见到的灌木丛。萨穆埃莱走了过去……他瞪大了双眼。

两只大长颈鹿正在那儿扯树上的叶子吃。萨穆埃莱松了一口气。长颈鹿是温顺的动物，通常不太关心周围发生

了什么。

　　萨穆埃莱继续往前走。前方十分开阔，阳光直射下来。他发现自己连水都没带。一定要走到水塘那里，他相信自己已经辨认出了正确的方向。

　　突然，萨穆埃莱站住了。他在地上发现了几撮羽毛，而在不远处就有珍珠鸡的残骸。吃掉它的家伙可能就在附近。萨穆埃莱看了看周围，认出了大型猫科动物的脚印——他在妈妈的书里见过太多次了。

　　萨穆埃莱的大脑开始快速回忆。

　　如果这些脚印来自一只豹，那么掠食者很有可能已经不在这里了：豹吃掉猎物后通常会跑开。可如果这些脚印是狮子的，那么掠食者可能还在周围转悠。

　　萨穆埃莱开始跑，也不管什么方向了。他只知道，自己一个人站在原地不动绝对是下策。他感觉自己的心在狂跳。跑了一会儿后，他便上气不接下气，腿也抬不动了。他停了下来。这时，他已经完全不知道自己在哪里了。

　　萨穆埃莱又四下看了一圈。

　　好像也没有什么危险，会不会是自己看错了……萨穆埃莱顾不上多想，又跑了起来。他钻进了高高的灌木丛中，一根荆条划破了他的皮肤，他又被迫停了下来。这时，萨穆埃莱已经汗流浃背、气喘吁吁了。

　　几米外就是一条小路，远处好像还有人在说话。可能萨穆埃莱并没有跑很远，只是在村子周围转悠。然而，他还没来得及迈步，一堆浓密的鬃毛突然出现在眼前。

萨穆埃莱下意识地开始后退，尽量不发出任何声音。一只狮子背对着他，还没有发现他。萨穆埃莱缓缓挪动着，直到脚下传来"咔嚓"一声脆响。

是一根枯树枝被踩断了。

紧接着，挎包上的环扣突然断了，包里的东西掉了一地。狮子被这一连串声音所吸引，转过了头。

萨穆埃莱吓得夺路而逃。

萨穆埃莱失踪了

出发后没多久，萨拉所在的考察队就停了下来。吉普车在驶出村子几千米后发出了异响。原来，大家都忘了给车子加油。

卢蒙巴走回去取油，其他人就在大太阳底下等待。时间一分一秒地过去，天气越来越热。突然，科学家们发现了一个不寻常的状况。

"快看！"萨拉的一个同事大声喊道。

从他们所在的位置望向远处，可以看到在村外空地的一角，有一只狮子正在慢悠悠地移动，步态很有辨识度。

突然，它转过身，像是看到或嗅到了什么。

"附近应该出现了猎物……"萨拉说道。她并不知道，这只威风凛凛的猫科动物盯上的，正是她的儿子萨穆埃莱。

半小时后，卢蒙巴回来了，但他带来的油不够。看来这一天也做不了什么了，大家决定返回村里，利用剩下的时间检查一下部分仪器。

埋头看了一下午的文件和显微样本后，萨拉打算回去看一看儿子。当她走近住处时，看到房门开着。儿子不在屋里。

萨拉开始挨家挨户地找儿子。同时，她把阿廷、西莫内和乔治都叫过来问话。

"你们知道萨穆埃莱在哪儿吗？"

孩子们齐刷刷地摇了摇头。

"你们多长时间没看见他了？"

"今天早上见过他……在你们出发之前。我们还以为他和您在一起……"

萨拉开始紧张了。但她极力克制着，不让别人看出来。她又去厨房找了一圈，连装满锅碗瓢盆的柜子都打开看了，还是没找到。萨拉只好向卢蒙巴求助。短短几分钟后，全村人都来到她的身边，准备帮忙寻找萨穆埃莱。

每个人都在家里和房子周边看了又看，但就是不见萨穆埃莱的踪影。

突然，萨拉吓得一激灵。她想起了之前看到的那只狮子，它当时似乎要去追什么东西。萨拉一把从卢蒙巴手里抓起吉普车钥匙，然后跑上了车。她必须回到那片空地。

希望有人已经给车加过油了，萨拉心里默念着。卢蒙巴跟着她上了车。他不能让她独自前往。

吉普车在土路上飞驰，最后停在了萨拉看到狮子时所在的位置。没走几步，她就发现了珍珠鸡的羽毛和残骸。

"这只鸟就够它吃的了……"卢蒙巴试着安抚萨拉。

"要想填饱肚子，狮子得吃很多食物。珍珠鸡只是'开胃菜'……"萨拉声音颤抖地说道。

两人开始在周围寻找。他们大声喊着萨穆埃莱的名字，却得不到任何回应。突然，萨拉看见灌木丛里有一些东西，她的心提到了嗓子眼儿。

萨穆埃莱最喜欢的漫画书散落在地上，还有他的挎包。

萨拉泪流满面，快要站不住了。那只动物捕食的目标竟然是自己的孩子！她无法接受。"我们必须找到他！"她抽泣着对卢蒙巴说。

卢蒙巴回到吉普车里，抓起一支步枪扛在肩上，然后一头扎进了灌木丛。

萨拉跟在他身后，用她全部的力量，一遍遍呼喊着儿子的名字。

巴杜来了

萨穆埃莱从来没有这么跑过。他感到心在胸腔里疯狂地跳动。

萨穆埃莱跑到了一棵大树下面。他抓住一根树枝，借力把自己拉了上去，然后抬起双腿，撑坐在了树杈中间。

狮子没有追来。

萨穆埃莱松了一口气。他知道，自己肯定是不敢下去了。要是没有人来救他，他可能要永远待在这棵树上。然而，几分钟后，他听见灌木丛里有声音。

狮子跟过来了，正贪婪地盯着他。

萨穆埃莱觉得浑身发麻，脑子里全是不好的想法。他了解狮子的捕猎技巧，它们并不总是直接攻击猎物。有时，它们喜欢和猎物一起"玩耍"，等到猎物筋疲力尽的时候，再毫不费力地将对方吃进肚子里。

狮子朝树走了过来。萨穆埃莱现在能够真真切切地看见它，它那明亮的双眼、摆动的耳朵、颤动的胡须，萨穆埃莱全都看得一清二楚。

狮子借助后腿立了起来。萨穆埃莱抵在树杈上，刚好避开了它的爪子。可是，一旦狮子厌倦了，它只需要轻轻一跃就能够到他，这只是时间问题……从树上下去也不是办法，狮子会立刻扑上来。

只能期待奇迹出现了。

狮子发出一声吼叫，萨穆埃莱吓得喊了起来。这喊声与前一天他试图保护巴杜时发出的声音一模一样。当狮子再次发起攻击时，不可思议的事情发生了……

"嗷——"

毫无疑问，这是象的叫声。

就在刚才狮子钻出来的地方，巴杜出现了。狮子转过身去，开始绕着巴杜踱步。巴杜前腿腾空，摆出威胁的姿态，狮子并没有被吓到，反而迎着它冲了过去。巴杜向一边移动，狮子纵身一跃，想跳到巴杜的背上，结果却扑了个空。摔倒在地的狮子一下子就爬了起来，再次发起进攻。

狮子的利爪扎进了

巴杜背上的皮肤。灰色的象皮上，血开始流淌。萨穆埃莱看着眼前的一切，大声喊了起来："不要——"

他从树上折下一根树枝，把它朝狮子使劲儿砸了过去。萨穆埃莱的偷袭虽然没能对狮子造成伤害，但却分散了狮子的注意力，帮助巴杜重新调整好了防御姿态。

巴杜再次转过身来。只见它摆动着象鼻，趁狮子来不及移动，猛地冲了过去。

这一幕，令人难以置信。

巴杜压制住了狮子。它抬起一只脚，不断地踢着对方，一下，又一下。

萨穆埃莱简直无法相信自己的眼睛。狮子逃走了，而他在巴杜的帮助下，安然无恙。

决不放弃

萨拉和卢蒙巴还在大草原上仔细地搜寻着。萨拉跟在卢蒙巴身后，心里越来越害怕。要是那天早上她没有离开，没有把萨穆埃莱单独留在房间里，现在的一切就不会发生！

"萨穆埃莱，你没事儿吧？"她不停地在心里问，祈祷他平安无事。

萨拉一遍遍地喊着儿子的名字，期待得到他的回应。

"等一下！"卢蒙巴突然喊道，同时伸出一只胳膊挡住了萨拉。

两人看到远处有一只狮子，正侧头舔着身上的一处伤口。卢蒙巴端起步枪，上了膛：如果这只"大猫"靠近他们，他就开枪射击。

萨拉知道，这种伤口是由进行自卫的人或动物造成的。

她和卢蒙巴沿着小路继续走，直到来到一个相对空旷的地方。这里有一棵树，部分树枝较粗、较矮，人可以踩着这些树枝爬到树上。他们停了下来。

突然，萨拉惊叫道："我的天哪！"顺着她手指的方向，卢蒙巴看到了地上的血迹。

"这可能是狮子的血。"卢蒙巴试着安抚她，却没能成功，"现在不是泄气的时候，我们必须找到萨穆埃莱！"

萨拉抬起头，看着卢蒙巴。他说得对，自己不能投降。可现在，太阳马上就要落山了，天黑以后，在草原上行动会更加艰难。

夜幕渐渐笼罩了四周。萨拉很绝望，找到萨穆埃莱的希望越来越渺茫。

"快看！"卢蒙巴喊道。

萨拉转过头，看到了动人的景象。

数不清的点点光亮出现在他们附近——是村民们，他们举着火把跑来帮忙了。只要需要，大家愿意彻夜寻找，没有一个人会放弃。

萨拉笑了，眼里闪着泪光。大伙儿为了她和萨穆埃莱而来。

大自然的不二法则

搜救又持续了几个小时。村民们在周边所有的灌木丛中细细查找。大家行动的时候最少两两结伴，因为单独行动太危险。大草原的夜里，伸手不见五指，在没有任何电力照明设备的情况下，人们只能勉强看清脚下。

呼唤萨穆埃莱的声音回荡在草原上，可依旧没有得到回应。萨拉已经绝望了。

黎明时，事情有了转机。

"我们发现了巴杜！"萨拉听见有人大喊，赶忙和其他村民一起跑了过去。

他们来到河边。巴杜庞大的身躯从树丛中显现出来。在它的背上能看到一道道深深的抓痕。

萨拉想起了那只受伤的狮子，还有她在那棵树附近发现的血迹。

"小心！"卢蒙巴提醒萨拉。他一直跟在她身边。

　　萨拉伸出一只胳膊示意卢蒙巴停下。她打算单独往前走。她的动作渐渐慢了下来。巴杜卧在那里，萨拉只能看到它的后背。她知道象每晚睡大约两个小时，但是它们很少卧在地上休息。她决定靠近看一看：巴杜可能还受了别的更严重的伤，从而导致它失血过多、很难站立。

　　当绕到象的正面时，她呆住了。眼前的一幕，在她看来，绝对是世界上最美的画面。

　　只见萨穆埃莱蜷着身体，安睡在巴杜卷起的象鼻上。他闭着眼睛，而象的眼神里却充满警觉。

　　萨拉看着他们，双手捂住了嘴，拼命克制着内心的激动。这时候大喊的话，很可能会吓到巴杜。她不想让萨穆埃莱有受伤的风险。

　　萨拉顺着来时留下的脚印返了回去，把情况讲给卢蒙巴听。卢蒙巴压低声音，命令大家慢慢退后，各回各家。

　　大自然有它的不二法则。

　　几个小时后，在阳光的照射下，四周逐渐温暖了起来。萨穆埃莱动了动，然后伸了个懒腰，一边打着哈欠，一边睁开了眼睛。这一觉睡得十分香甜。

　　巴杜轻轻地放下了这个它守护了一整夜的小朋友，男孩该回到母亲的身边了。

　　萨拉给了萨穆埃莱一个大大的拥抱。然后，她和萨穆

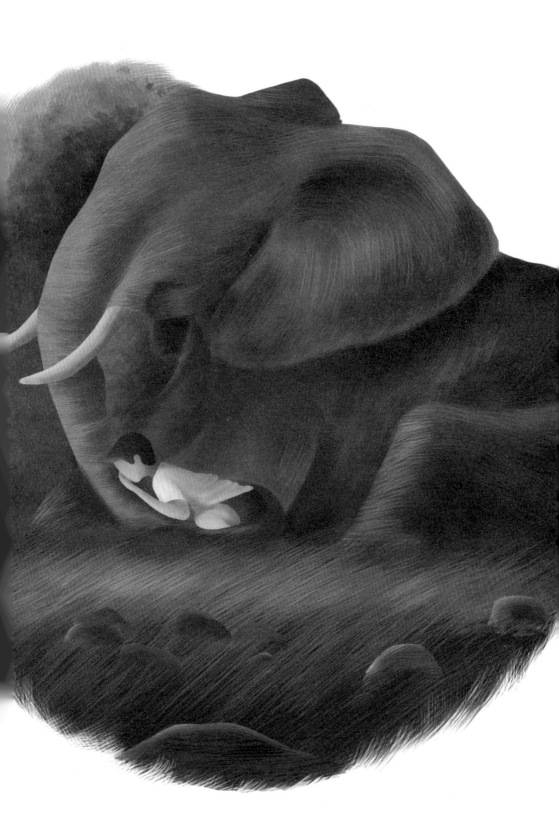

埃莱一起把满满一桶蜂蜜和一筐美味的水果提到了巴杜面前。巴杜抬起鼻子致意，目送母子俩手牵着手离开。

事情的真相

阳光让广阔的保护区温暖起来。

"你把我吓坏了，到底发生了什么事儿？"萨拉问儿子。卢蒙巴开着吉普车，将他们带回村庄。

"简直难以置信，妈妈！有一只狮子追我，然后我爬到了一棵树上……要不是巴杜来救我，狮子可能早就把我吃了！"

萨拉一脸紧张地听着萨穆埃莱的讲述。她度过了这辈子最难熬的一夜，止不住地后怕。

萨穆埃莱察觉到了，于是握住了萨拉的手。"对不起，我不该不听你的话。"他看着妈妈的眼睛，说道，"但是你告诉过我象的记性特别好，这是真的！你知道吗，巴杜还记得我！"

"什么意思？"萨拉问道。

"巴杜记得当村里别的孩子打它的时候，是我保护了它。当他们朝它扔石头时，我跑过去挡在了巴杜前面。后来，它在大树那里找到了我，把狮子打跑了。然后我从树上下来，我们俩一起去了河边。我渴了，它也渴了。我跟在它身边，一点儿也不怕了……天黑了，它用鼻子轻轻卷着我，保护我不受冻、远离危险。我知道你会找到我的，你太了解象了。"

"所以，你不是因为摔倒才受伤的，而是为了保护巴杜才受了伤？"

泪水涌上萨拉的双眼。萨穆埃莱的所作所为实在太冒险了，这次之所以能化险为夷，靠的全是运气。她把太多精力放到了工作上，没能给孩子应有的照顾。"对不起，宝贝，这些天我本该更关心你的……"

"不，妈妈！如果你没有给我讲那么多象的故事，我无法做到这一切。你的工作真的非常重要！巴杜不坏，我可以证明。"

萨拉叹了口气。她虽然又累又激动，但还没有忘记萨穆埃莱偷偷溜走的事。"你可太不让人省心了，这次经历了这么危险的事情，我真想把你关起来，让你哪儿也去不了。"

"我只是想证明自己的勇气……"

"勇气？"萨拉好奇地问道。

"是的。在学校，同学们都取笑我，说我是个胆小鬼，因为我不敢像他们那样跳水。我想，要是我能把巴杜带回村里，大家或许会改变对我的看法。你还可以写一篇文章，讲一讲整个事情的经过，然后老师会在班里念出来……"

萨拉怔了一下，然后伸出手，摸了摸儿子的脸。她想对他说许多话，想告诉他，妈妈是多么为他感到自豪。

凯旋的英雄

天色渐晚，盛大的庆祝活动开始了。家家户户都准备了特色菜肴，一群年轻人在中心广场上唱着当地的歌曲。人们聚集起来，开始跳舞。舞蹈节奏十分欢快，气氛非常活跃，大伙儿准备的食物也很好吃。

几个男人抬着萨穆埃莱，像对待凯旋的英雄一样把他带到了人群中央。音乐停了下来，男孩开始讲述他的惊险经历。大伙儿为他的勇气鼓掌、喝彩。那一刻，萨穆埃莱感到了前所未有的自豪。

萨拉坐在远处，一边看着儿子，一边在电脑上写着什么。

过了一会儿，萨穆埃莱回到了萨拉身边，问："妈妈，你在干什么？"

"我在写一篇文章。坐吧。"

"是关于我的吗？"萨穆埃莱一边问，一边坐在了旁边。

"是的。我给一个朋友打了电话，他是一位著名的动

物行为学家。他对你的经历很感兴趣。"萨拉看着他的眼睛回答道。

"你把我的事跟他说了？"

"对啊。他听得入了迷，还说你的事对未来的研究会很有帮助。"

"真的吗？为什么？"男孩的眼里充满了喜悦。

"多年来，我们一直在努力解释一些象的异常行为，希望我们的研究成果能拯救这一物种。如果研究表明，这些象出现暴力行为是因为受到创伤，或是因为感到孤独和害怕，那么我们就可以采取相应的措施来帮助它们。我相信，巴杜出现异常行为是因为它失去了母亲。巴杜是独自长大的，没有受过教导，而当你出面保护它时，它会记住你，它的行为也会改变。因此，它救了你。"

"你真的觉得我的故事会给研究带来帮助吗？"

"一定会的，宝贝，而且你得帮我一起写。"

"啊？"

"是的，我的那个朋友已经联系了一本非常权威的科学杂志的编辑，他们希望你写下你的经历并接受一个采访。"

"我？单独采访我？"

"别担心，妈妈会帮你的。"

那晚入睡后，萨穆埃莱梦见了象，好多好多象。它们走在大草原上，其中一头象转过头来看他。它高高地举起象鼻，冲他打招呼。是巴杜，萨穆埃莱凭着背上的伤疤认出了它。

满载而归

夏天平静地过去了，研究人员终于能接近巴杜了。他们常常给它送水果，而巴杜也表现出了越来越多的善意。

萨拉成功地让巴杜融入了一个小型象群。巴杜是母象，也许它很快就会成为一位母亲，一位美丽的母亲。

接下来的每天晚上，听卢蒙巴讲完故事，萨拉和萨穆埃莱就忙着为科学杂志写稿。

萨穆埃莱白天会和西莫内、乔治、阿廷在一起。三人知道除了萨拉，萨穆埃莱并没有告诉其他人他们三个打伤过巴杜。他们为此都心存感激。

当萨拉和萨穆埃莱要返回意大利时，一些村民自发地跟去了机场，为母子俩送行。航站楼的出发大厅里洋溢着快乐、温馨的气氛。

回程和来时一样漫长，但这次，母子俩一路上都在聊他们在非洲看到和学到的东西。后来，萨拉背诵起了一些当地食物的做法，那是村里的妇人教给她的。其中，她最想尝试制作的是一种名叫"鲜奶挞"的甜食。在非洲的几个月里，她最爱吃的就是这个，每天早晨都要吃一大块！

　　"出门旅行，总要带点儿东西回家。"坐在飞机上，萨拉说道。

谢谢你，巴杜

萨穆埃莱望着窗外，想起非洲那些绝美的事物——广袤的草原、高大的马鲁拉树、炙热的阳光，心里感到非常不舍。在家里透过窗户向外看，只能看到一幢幢大楼、一条条柏油马路，还有一片受到污染的灰黑色天空。

快开学了，想到要回去上课，要应付同学们的嘲弄，萨穆埃莱就感到有些烦躁。

萨拉开着车，萨穆埃莱安静地坐在车里，一句话也不说。他不想让妈妈担心。在非洲，他学会了自己解决问题。"冬天很快就会过去，我会再回去看望巴杜、阿廷、卢蒙巴和其他朋友的。"他在心里一遍遍默念着。

这是新学期的第一天，但是这一天发生了令萨穆埃莱意想不到的事情。

上课铃声响起，孩子们跑进教室，坐到各自的座位上。老师走了进来，萨穆埃莱看到她的手里握着一本杂志，脸上还带着微笑。

老师和大家打了个招呼，然后翻开了杂志。"同学们，我很高兴地向大家介绍一位真正的英雄！"她说。

大家好奇地张望着，可是并没有人进来。

"谁啊？"有人问。

"是你们的同学——萨穆埃莱！"

班里一下子安静了，那一刻，萨穆埃莱激动得心开始狂跳。他明白过来，老师已经读过了他的冒险事迹。也许是妈妈给她送了杂志。

同学们纷纷转过头看着他，他的脸变得通红。

"来吧，萨穆埃莱，到前面来，讲一讲你在非洲草原上遇到的事儿！"

"非洲草原？"萨穆埃莱身边响起一片惊呼。

"是的，大家知道吗，你们的朋友和狮子打了一架，还保护了一头象。"

"狮子？象？"大伙儿不停地念叨着，对老师说的话感到十分震惊。

"都在这儿写着呢！"老师挥了挥杂志，肯定地说道。

于是，萨穆埃莱走上讲台，给大伙儿讲起了自己在非洲的经历。同学们看着他，惊讶地张大了嘴巴。

"象的鼻子有多长呀？"一个女生问。

"象鼻垂下去能触到地面，还可以做许多事情。例如，它能闻出食物的气味，挑出好吃的果子，还能识别物体并卷住物体，就像我们的手一样。我听妈妈说，象能用鼻子发出声音，来和朋友或孩子交流。你们可能也在纪录片里看过，象还会用鼻子洗澡。"

"象吃什么呢？"

"象特别爱吃水果。

"象有多重呀？"

"它们的体形很大……不对，应该说是巨大，成年象的体重一般为3～7吨。我在我的朋友巴杜面前好像一个小不点儿。"

"你还有象朋友？"

"是的，我明年还会再见到它。"

"那只狮子是怎么回事儿？"

"那次可太刺激了，我可真是死里逃生！"

整个上午就是在这样的问答中度过的。老师任由萨穆埃莱"享受"解答问题的过程，她和萨拉都知道，要改变班里的风气，就要这么做。没有人会再取笑萨穆埃莱，大家会从他身上学到许多东西。

谢谢你，巴杜。